Indice de Gini

© R.S., 27 février 2023

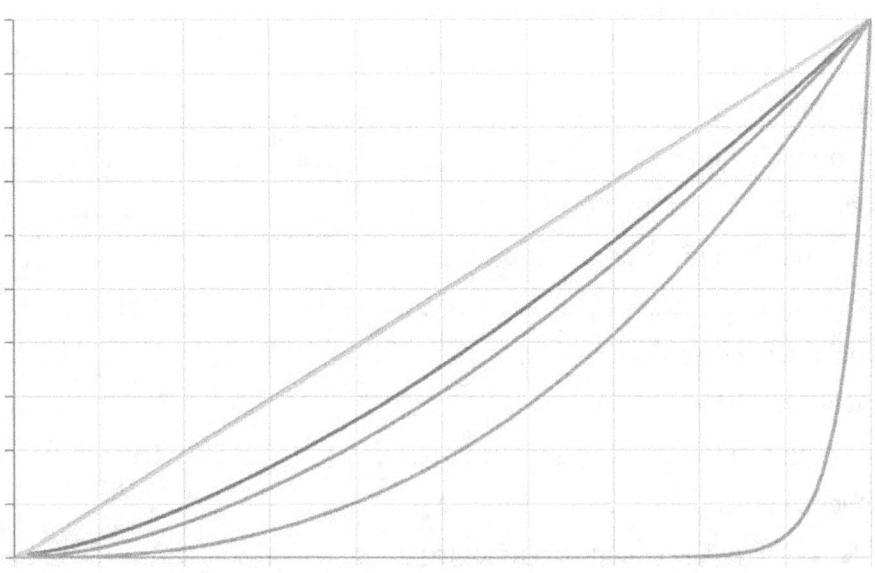

Table des matières

1. Indice de Gini..6

2. Courbe de Lorentz...7

3. Fonction de Lorentz..10

   a. Polynomiale 11

   b. Circulaire...13

   c. Triangulaire...15

   d. Fractionnaire ou hyperbolique..16

   e. Racine..19

   f. Logarithmique...21

   g. Exponentielle 23

   h. Réciproque logarithmique multibases...25

   i. Loi de Benford réciproque...27

4. En particulier 29

   a. Avec une richesse linéaire..29

   b. Avec une richesse à deux paliers..30

   c. Avec une richesse à trois paliers 31

   d. Avec une richesse linéaire double..32

   e. A deux paliers à population différentes..33

   f. A trois paliers à population différentes...34

5. Courbe de Gini 35

6. Indice de Gini du loto..36

7. Conclusions..40

8. Référence..41

R.S.
27/02/23

« Nous sommes tous égaux devant l'inégalité qui régit notre planète. »,

De Jacques Sternberg

« L'inégalité n'est pas une preuve de l'existence de l'égalité »,

De Ylipe, Textes sans paroles

A Victor et Amélie.

1. Indice de Gini

Comment définir un indice des inégalités ? C'est ce que Gini a cherché. Il a défini un indice qui mesure le ratio entre la richesse cumulé sur la richesse croissante d'une population étudiée. Cet indice doit être nul si tous les individus de la population perçoivent la même richesse les uns par rapport aux autres. Soit :

$$G = 0 \; si \; \frac{2\sum_{k=1}^{n} ka}{n\sum_{k=1}^{n} a} = \frac{2\frac{n(n+1)}{2}a}{nna} = \frac{n+1}{n}$$

$$Avec \begin{cases} n = nombre\; d'individus\; de\; la\; population \\ a = revenu\; perçu\; par\; chaque\; individu \end{cases}$$

Pour mesurer les différences entre ce cas sans inégalité et un autres, il définit l'indice G qui porte son nom par :

$$G = \frac{2\sum_{k=1}^{n} kx_k}{n\sum_{k=1}^{n} x_k} - \frac{n+1}{n}$$

$$Avec \begin{cases} n = quantité\; de\; population, nombre\; de\; personnes \\ x_k = revenu\; par\; ordre\; croissant\; de\; la\; k^{ième}\; personne \end{cases}$$

Avec l'indice de Gini G :

$$G = \begin{cases} 1 = 100\% = la\; richesse\; totale\; est\; concentrée\; sur\; 1\%\; de\; la\; population \\ \frac{1}{2} = 50\% = la\; moitié\; de\; la\; population\; est\; plus\; riche\; que\; l'autre \\ 0 = 0\% = la\; richesse\; totale\; est\; répartie\; équitablement\; pour\; chacun \end{cases}$$

2. Courbe de Lorentz

L'indice de Gini s'observe sur une courbe avec en référence la première diagonale qui représente l'indice à zéro. On a en effet une égalité cumulée parfaite entre richesse et population. La courbe de Lorentz quant à elle est toujours en dessous de cette diagonale sous forme concave pour représenter un déséquilibre entre richesse cumulée et la population. Soit graphiquement :

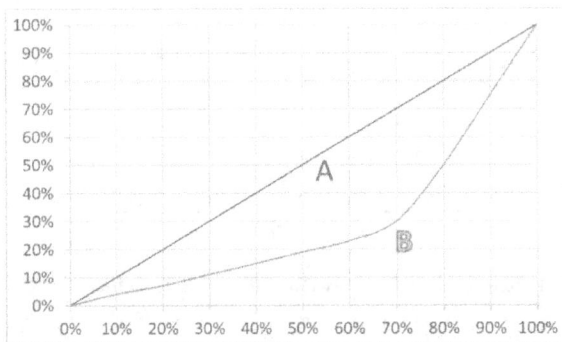

L'indice de Gini se calcule aussi par le rapport de la surface en dessous de cette première diagonale A et de la somme de celle-ci avec celle en dessous de la courbe de Lorentz B selon les données de richesse de la population étudiée. Ainsi :

$$Pour\ la\ 1ère\ diagonale : G = 2A = 1 = 100\%$$

$$\textbf{Pour la courbe de Lorentz} : \boldsymbol{G = 2(A - B) = 1 - 2B \leq 1 = 100\%}$$

On retrouve d'ailleurs notre précédent premier résultat en calculant l'aire sous la diagonale. Soit :

$$G = 0\ car\ G = 1 - 2B = 1 - 2\int_0^1 x\,dx = 1 - 2\left.\frac{x^2}{2}\right|_0^1 = 0$$

Si on connait les différents intervalles cumulés (ou à cumuler dans l'ordre croissant des richesses par groupe d'individus de la population), alors on obtient également G avec t tranches de mêmes richesses de la manière suivante :

$$G = \frac{2\left((x_1 - x_0)\frac{(y_1 - y_0)(y_1 + y_0 + 1)}{2} + \cdots + (x_t - x_{t-1})\frac{(y_t - y_{t-1})(y_t + y_{t-1} + 1)}{2}\right)}{n((x_1 - x_0) + (x_2 - x_1) + \cdots + (x_t - x_{t-1}))} - \frac{n+1}{n}$$

Car :

$$\sum_{k=u}^{v} k = \frac{(v - u)(v + u + 1)}{2} \ et \ n = qt \ avec \ q > 1$$

D'où :

$$G = \frac{\sum_{k=1}^{t}(x_k - x_{k-1})(y_k - y_{k-1})(y_k + y_{k-1} + 1)}{n(x_t - x_0)} - \frac{n+1}{n}$$

On observe également la médiane et la médiale. La médiane indique que pour 50% de la population (en abscisse) on a une certaine répartition de la richesse (en ordonnée). De même, la médiale renseigne que 50% de la richesse cumulée est détenue par une certaine fraction de la population. Ainsi, on sait s'il existe un faible ou grand dés équilibre dans le partage ou la répartition de la richesse par tranche de population. Graphiquement on a :

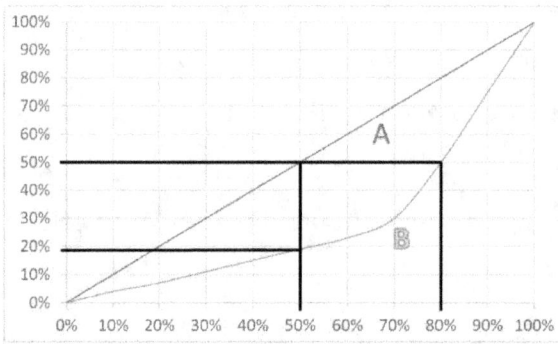

Dans l'exemple ci-dessus, pour la courbe A dont $G = 0$, on a logiquement une médiane et une médiale qui valent 50%. En effet, la moitié des individus détiennent la moitié de la richesse (médiane) et la moitié de la richesse est détenue par la moitié des individus (médiale). Une équité parfaite dans ce cas. En revanche, pour la courbe B de Lorentz, $G > 0$ et on a ici une médiane à 20% qui signifie que 20% (respectivement 80%) des richesses est détenue par la moitié des individus. Alors que la médiale est à 80%, signifiant que 80% (respectivement 20%) des individus détiennent la moitié des richesses. On est donc face à des inégalités flagrantes de partage de richesse entre individus.

3. Fonction de Lorentz

On peut également appliquer l'indice de Gini à d'autres thèmes. Par exemple, l'indice du Gini du loto indique les chances de gagner et surtout la part des joueurs qui gagnent vis-à-vis de la somme totale reversée à l'ensemble des joueurs. On voit alors sans surprise que très peu de personnes empochent le pactole. Et que la majorité des joueurs jouent à perte. L'indice de Gini est dans ce cas grand, proche de 1 (=100%). Etudions quelques courbes de Lorentz particulières :

a. Polynomiale

$$G = 1 - 2B = 1 - 2\int_0^1 x^s dx = 1 - 2\frac{x^s}{s+1}\bigg|_0^1 = 1 - \frac{2}{s+1}$$

$$G = \frac{s-1}{s+1} \to 1$$

Dans ce cas, l'indice de Gini tend rapidement vers 1 selon s, et donc vers une inégalité forte. Par exemple :

$$si\ s = \begin{cases} 2 \to G = \dfrac{1}{3} = 33{,}33\% \\ 11 \to G = \dfrac{5}{6} = 83{,}33\% \\ 99 \to G = \dfrac{98}{100} = 98\% \end{cases}$$

Graphiquement, on observe cela selon le degré du polynôme :

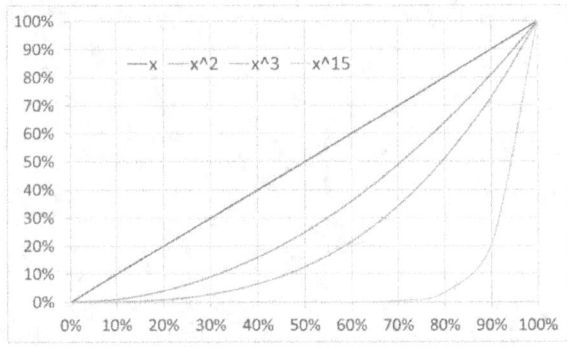

Et pour choisir G selon s, on trace le graphique suivant :

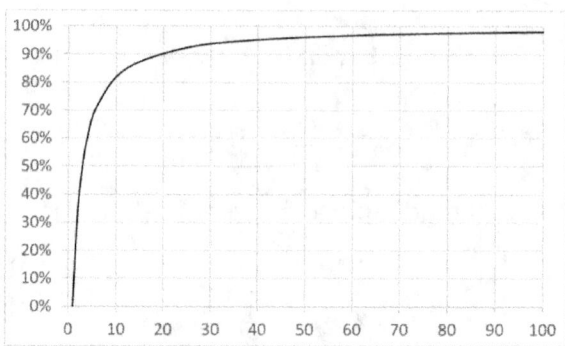

b. Circulaire

$$G = 1 - 2B = 1 - 2\int_0^1 1 - \sqrt{1-x^2}\,dx$$

$$= 1 - 2\left(x - \frac{\sqrt{1-x^2}}{2}x - \frac{\arcsin(x)}{2}\right)\Bigg|_0^1 = 1 - 2\left(1 - \frac{\pi}{4}\right)$$

$$\boldsymbol{G = 57,08\%}$$

Dans ce cas, l'indice de Gini est loin d'une égalité parfaite ($G = 0\%$). On peut paramétrer notre fonction pour accentuer encore plus les inégalités avec :

$$G = 1 - 2B = 1 - 2\int_0^1 1 - \sqrt{1-x^s}\,dx = 1 - 2\left(1 - \frac{\sqrt{\pi}\,\Gamma\left(1 + \frac{1}{s}\right)}{2\Gamma\left(\frac{3}{2} + \frac{1}{s}\right)}\right)$$

$$\boldsymbol{G = \frac{\sqrt{\pi}\,\Gamma\left(1 + \frac{1}{s}\right)}{\Gamma\left(\frac{3}{2} + \frac{1}{s}\right)} - 1 \; avec \; \Gamma(n+1) = n!}$$

On a selon le degré s les courbes d'indices de Gini suivantes :

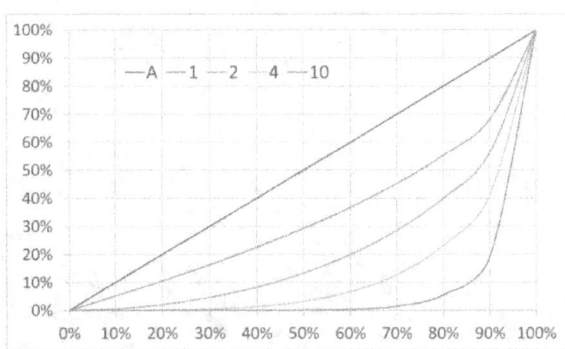

Et on peut choisir G en fonction de s sur le graphique suivant :

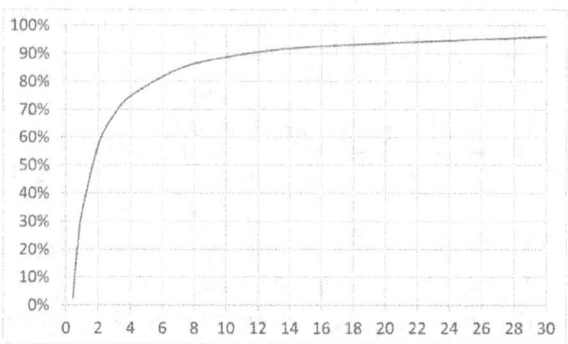

c. Triangulaire

Avec la forme suivante composée de deux triangles :

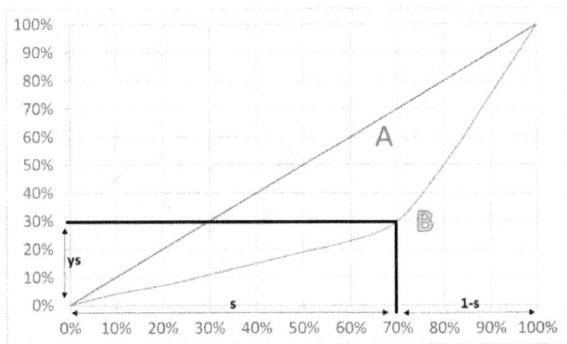

On obtient :

$$G = 1 - 2B = 1 - 2\left(\int_0^s \frac{y_s}{s} x\,dx + \int_0^{1-s} \frac{1-y_s}{1-s} x\,dx + (1-s)y_s\right)$$

$$= 1 - 2\left(\frac{y_s}{s}\cdot\frac{s^2}{2} + \frac{1-y_s}{1-s}\cdot\frac{(1-s)^2}{2} + (1-s)y_s\right) = s - y_s$$

$$G = s - y_s \; avec \; 1 > s \geq y_s \geq 0$$

Dans ce cas, l'indice de Gini varie bien de 0 à 1. Par exemple :

$$si \begin{cases} s = y_s \to G = 0 : 1^{ière}\; diagonale, courbe\; A \\ s \geq y_s = 1 - s \to G = 2s - 1 \; et \; s \geq \dfrac{1}{2} \\ s = 70\% \; et \; y_s = 30\% \to G = \dfrac{70-30}{100} = 40\% : graphique\; précédent \\ s = 1 - \varepsilon \; et \; y_s = \varepsilon \to G = 1 - 2\varepsilon \approx 1 \end{cases}$$

d.Fractionnaire ou hyperbolique

$$G = 1 - 2B = 1 - 2\int_0^1 \frac{x}{2-x}dx = 1 - 2(-2\ln(2-x) - x)|_0^1 = 3 - 4\ln(2)$$

$$G = 3 - 4\ln(2) = 22,74\%$$

On peut également étendre cette forme avec deux paramètres comme suit :

$$G = 1 - 2B = 1 - 2\int_0^1 \frac{ax^n}{2 - (2-a)x^n}dx$$

Cette intégrale fait appelle à une fonction hypergéométrique. Nous allons ici nous limiter à des cas particuliers. Tout d'abord :

$$si\ n = 1 \rightarrow G = 1 - 2B = 1 - 2\int_0^1 \frac{ax}{2 - (2-a)x}dx$$

$$= 1 - 2\left(-\frac{2a\ln(2 - (2-a)x)}{(a-2)^2} + \frac{ax}{a-2}\right)\Bigg|_0^1$$

$$G = \frac{4a}{(a-2)^2}\ln\left(\frac{a}{2}\right) - \frac{a+2}{a-2}$$

Dans ce cas, l'indice de Gini varie bien de 0 à 1. Par exemple :

$$si\ a = \begin{cases} 1 \rightarrow G = 3 - 4\ln(2) = 22,74\% \\ \dfrac{3}{2} \rightarrow G = 7 - 24\ln\left(\dfrac{4}{3}\right) = 9,56\% \end{cases}$$

Graphiquement, on a G selon a :

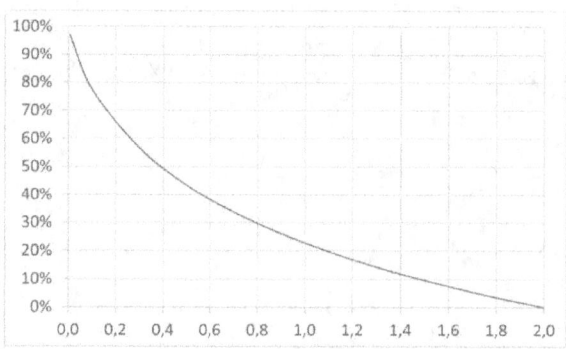

Maintenant :

$$\boldsymbol{si\ n = 2} \rightarrow G = 1 - 2B = 1 - 2\int_0^1 \frac{ax^2}{2 - (2-a)x^2}\, dx$$

$$= 1 - \frac{2a}{a-2}\left(x - \sqrt{\frac{2}{a-2}}\arctan\left(\sqrt{\frac{a-2}{2}}\,x\right)\right)\Bigg|_0^1$$

$$G = -a\left(\frac{2}{a-2}\right)^{\frac{3}{2}}\arctan\left(\sqrt{\frac{a-2}{2}}\right) - \frac{a+2}{a-2}$$

Or comme $a < 2$, cela entraine des valeurs complexes. On préférera donc la forme logarithmique équivalente suivante :

$$G = 1 - 2\left(\frac{ax}{a-2} - \frac{a}{\sqrt{2}(a-2)^{\frac{3}{2}}}\ln\left(\frac{1 + \sqrt{\frac{2-a}{2}}\,x}{1 - \sqrt{\frac{2-a}{2}}\,x}\right)\right)\Bigg|_0^1$$

$$\boldsymbol{G = \frac{2+a}{2-a} - \frac{\sqrt{2}a}{(2-a)^{\frac{3}{2}}}\ln\left(\frac{\sqrt{2}+\sqrt{2-a}}{\sqrt{2}-\sqrt{2-a}}\right)}$$

Graphiquement, on observe G selon a comme suit :

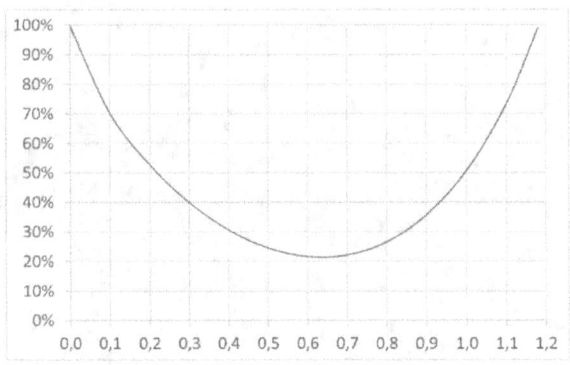

Par exemple :

$$si\ a = 1 \rightarrow G = 3 - 2\sqrt{2}\arctan\left(\frac{1}{\sqrt{2}}\right) = 50{,}71\%$$

Mais aussi :

$$si \; a = 1 \rightarrow G = 1 - 2B = 1 - 2\int_0^1 \frac{x^2}{2 - x^2}\,dx = 1 - 2\left(-x + \frac{1}{\sqrt{2}}\ln\left(\frac{\sqrt{2} + x}{\sqrt{2} - x}\right)\right)\bigg|_0^1$$

$$G = 3 - \frac{2}{\sqrt{2}}\ln\left(\frac{\sqrt{2} + 1}{\sqrt{2} - 1}\right) = 50{,}71\%$$

En aparté, on a utilisé le fait que :

$$2\operatorname{arctanh}(x) = \ln\left(\frac{1 + x}{1 - x}\right) \; et \; i\operatorname{arctanh}(ix) = -\arctan(x)$$

Dans ce cas, l'indice de Gini ne varie qu'entre 21,415% et 100%.

Au-delà de $n = 2$, les fonctions sont de plus en plus complexes à calculer. A noter également que :

$$\forall \boldsymbol{n} \geq \boldsymbol{1} \; \boldsymbol{si} \; \boldsymbol{a} = \begin{cases} \boldsymbol{0} \rightarrow G = 1 : in\acute{e}galit\acute{e} \; maximale \\ \boldsymbol{2} \rightarrow G = 1 - 2\int_0^1 x^n\,dx = 1 - \frac{2}{n + 1} = \frac{n - 1}{n + 1} \rightarrow 1 \end{cases}$$

e. Racine

$$G = 1 - 2B = 1 - 2\int_0^1 1 - (1-x)^{\frac{1}{a}}dx = 1 - \frac{2}{a+1} = \frac{a-1}{a+1}$$

$$G = \frac{a-1}{a+1} \; avec \; a > 0$$

Dans ce cas, l'indice de Gini varie bien de 0 à 1. Par exemple :

$$si \; a = \begin{cases} 1 \; (1\text{ère bissectrice } y = x) \to G = 0\% \\ 2 \; (racine \; carré \; symétrique \; à \; la \; 1\text{ère bissectrice}) \to G = \frac{1}{3} = 33,33\% \\ 3 \; (racine \; cubique \; symétrique \; à \; la \; 1\text{ère bissectrice}) \to G = \frac{1}{2} = 50\% \\ 99 \to G = \frac{98}{100} = 98\% \end{cases}$$

Selon a, on observe graphiquement l'indice de Gini suivant :

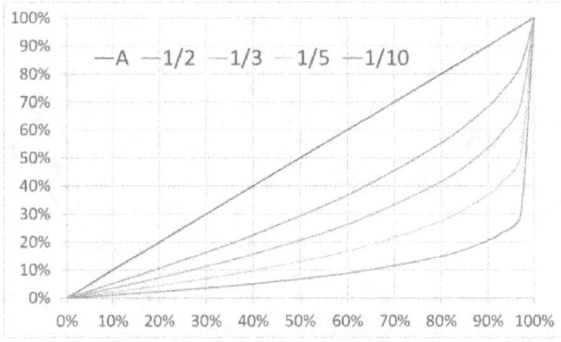

Soit le choix de G selon a suivant :

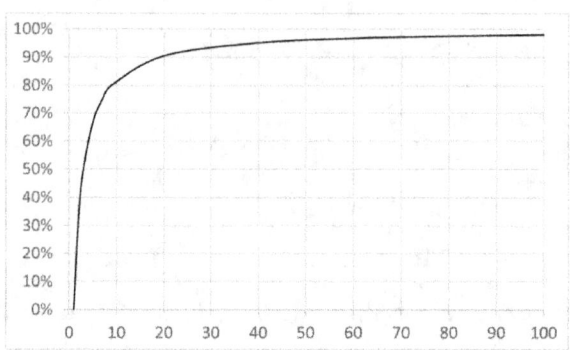

f. Logarithmique

$$G = 1 - 2B = 1 - 2\int_0^1 1 - \frac{\ln(2-x)}{\ln(2)}\,dx = 1 - 2\left(\frac{1}{\ln(2)} - 1\right)$$

$$G = 3 - \frac{2}{\ln(2)} \approx 11,46\%$$

Dans ce cas, l'indice de Gini est presque équitable pour tous ($G = 0$), très peu inégalitaire. On peut également le paramétrer comme suit :

$$G = 1 - 2B = 1 - 2\int_0^1 1 - \frac{\ln(2-x^a)}{\ln(2)}\,dx \ \ avec \ a \geq 1$$

Mais il est alors bien compliqué de le calculer quel que soit a. En outre, on a :

$$a = 2 \to G = 1 - 2\int_0^1 1 - \frac{\ln(2-x^2)}{\ln(2)}\,dx = 1 - 2\left(1 + \frac{2}{\ln(2)}\left(1 - \sqrt{2}\,\text{arctanh}\left(\frac{\sqrt{2}}{2}\right)\right)\right)$$

$$a = 2 \to G = \frac{4\sqrt{2}}{\ln(2)}\,\text{arctanh}\left(\frac{\sqrt{2}}{2}\right) - 1 - \frac{4}{\ln(2)} \approx 42,22\%$$

Et numériquement, on calcule :

$$a = 12 \to G = 1 - 2\int_0^1 1 - \frac{\ln(2-x^{12})}{\ln(2)}\,dx \approx 86,996\%$$

Soit :

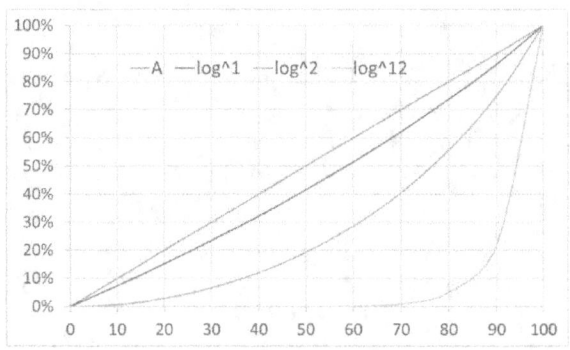

Graphiquement, on a G selon a comme suit :

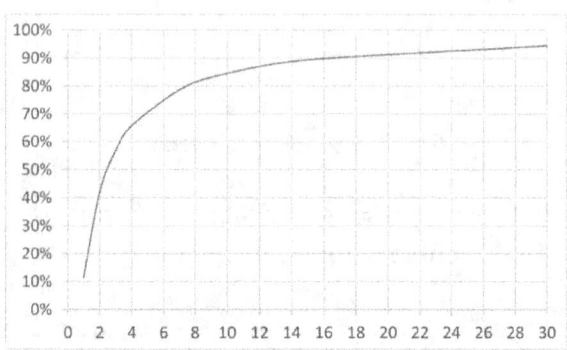

g. Exponentielle

$$G = 1 - 2B = 1 - 2 \int_0^1 \frac{e^{ax} - 1}{e^a - 1} dx = 1 - 2 \left(\frac{\frac{e^{ax}}{a} - x}{e^a - 1} \right) \Bigg|_0^1 = 1 - \frac{2}{a} + \frac{2}{e^a - 1}$$

$$\boldsymbol{G = 1 - \frac{2}{a} + \frac{2}{e^a - 1} \; avec \; a > 0}$$

Dans ce cas, l'indice de Gini varie bien de 0 à 1. Par exemple :

$$si \; a = \begin{cases} 10 \rightarrow G = \dfrac{4}{5} + \dfrac{2}{e^{10} - 1} = 80{,}009\% \\[3mm] 1 \rightarrow G = 1 - 2 + \dfrac{2}{e^1 - 1} = 16{,}39\% \\[3mm] \dfrac{1}{2} \rightarrow G = 1 - 4 + \dfrac{2}{e^{\frac{1}{2}} - 1} = 8{,}299\% \end{cases}$$

Soit :

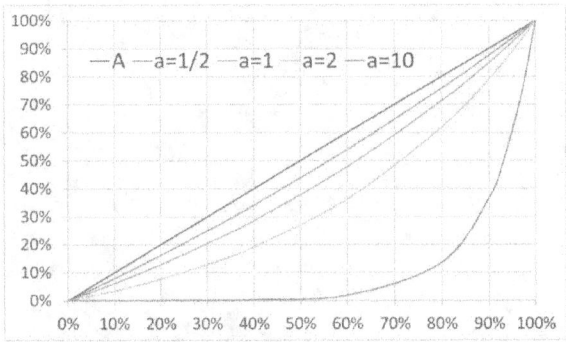

Graphiquement, on a G selon a :

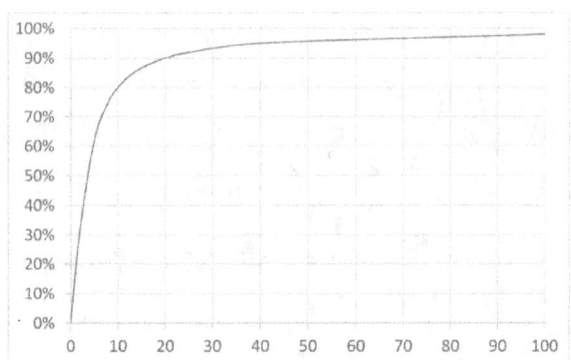

On peut là encore paramétrer cette fonction comme suit :

$$G = 1 - 2B = 1 - 2\int_0^1 \frac{e^{ax^n} - 1}{e^a - 1}dx = \frac{e^a + 1}{e^a - 1} - 2\frac{\Gamma\left(\frac{1}{n}\right) - \Gamma\left(\frac{1}{n}; -a\right)}{(-a)^{\frac{1}{n}}(e^a - 1)n}$$

$$G = \frac{e^a + 1}{e^a - 1} + 2\frac{\int_{-a}^0 t^{\frac{1}{n}-1}e^{-t}dt}{(-a)^{\frac{1}{n}}(e^a - 1)n} \quad avec\ a > 0$$

Car :

$$\Gamma(n) = (n - 1)! = \int_0^{+\infty} t^{n-1}e^{-t}dt$$

Et :

$$\Gamma(n; x) = \int_x^{+\infty} t^{n-1}e^{-t}dt$$

Mais comme $a > 0$, il n'y a pas, dans ce cas, de solutions possibles.

h. Réciproque logarithmique multibases

On choisit le logarithme d'une base quelconque ramené en zéro au-dessus de la première bissectrice. Puis, on calcule sa fonction réciproque pour ramener cette courbe en-dessous de la première bissectrice. Soit :

$$En\ base\ 10 : x = \log(1 + 9y) = \frac{\ln(1 + 9y)}{\ln(10)} \rightarrow y = \frac{10^x - 1}{9}$$

$$En\ base\ 2 : x = \ln_2(1 + y) = \frac{\ln(1 + y)}{\ln(2)} \rightarrow y = 2^x - 1$$

Et quelle que soit la base b :

$$En\ base\ b > 1 : x = \frac{\ln(1 + (b - 1)y)}{\ln(b)} \rightarrow y = \frac{b^x - 1}{b - 1}$$

D'où :

$$G = 1 - 2\int_0^1 \frac{b^x - 1}{b - 1}dx = 1 - 2\left(\frac{\frac{b^x}{\ln(b)} - x}{b - 1}\right)\Bigg|_0^1 = \frac{b + 1}{b - 1} - \frac{2}{\ln(b)}$$

$$G = \frac{b + 1}{b - 1} - \frac{2}{\ln(b)}\ avec\ b > 1$$

Là encore, l'indice de Gini varie bien de 0 à 1.

Par exemple :

$$si\ b = \begin{cases} \dfrac{3}{2} \to G = 5 - \dfrac{2}{\ln\left(\dfrac{3}{2}\right)} = 6{,}74\% \\[2em] 2 \to G = 3 - \dfrac{2}{\ln(2)} = 11{,}46\% \\[2em] e \to G = \dfrac{e+1}{e-1} - 2 = 16{,}39\% \\[2em] 10 \to G = \dfrac{11}{9} - \dfrac{2}{\ln(10)} = 35{,}36\% \\[2em] 101 \to G = 1{,}02 - \dfrac{2}{\ln(101)} = 58{,}66\% \\[2em] 10^6 \to G = \dfrac{10^6+1}{10^6-1} - \dfrac{1}{3\ln(10)} = 85{,}52\% \end{cases}$$

Graphiquement, en échelle logarithmique, on a selon b :

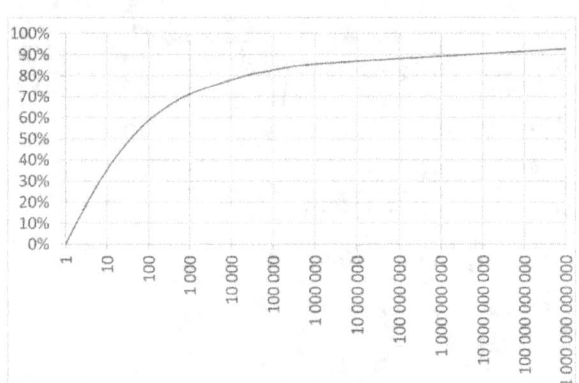

On pourrait paramétrer également ce résultat ainsi :

$$G = 1 - 2\int_0^1 \frac{b^{x^n}-1}{b-1}\,dx$$

Mais là aussi, cela est bien complexe à calculer.

i. Loi de Benford réciproque

La loi de Benford stipule que la proportion du chiffre le plus à gauche d'un nombre sur une base de données quelconques suit une régularité bien précise comme suit :

$$B = \log\left(1 + \frac{1}{c}\right) \ avec \ c = chiffre \ en \ 1 \ et \ 9 \ et \log(x) = \frac{\ln(x)}{\ln(10)}$$

On transcrit cela dans le tableau ci-dessous :

#	Loi B	Cumul de B	c	Cumul de c
0	$0 = \log(1)$	$0 = \log(1)$	0	0
1	$\log\left(\frac{2}{1}\right)$	$\log(2)$	1	1
2	$\log\left(\frac{3}{2}\right)$	$\log(3)$	2	3
3	$\log\left(\frac{4}{3}\right)$	$\log(4)$	3	6
4	$\log\left(\frac{5}{4}\right)$	$\log(5)$	4	10
5	$\log\left(\frac{6}{5}\right)$	$\log(6)$	5	15
6	$\log\left(\frac{7}{6}\right)$	$\log(7)$	6	21
7	$\log\left(\frac{8}{7}\right)$	$\log(8)$	7	28
8	$\log\left(\frac{9}{8}\right)$	$\log(9)$	8	36
9	$\log\left(\frac{10}{9}\right)$	$\log(10) = 1$	9	45
Total	$\log(10) = 1$	$\log(10!) \approx 6,56$	45	165

Comme la loi de Benford cumulée (seconde colonne ci-dessus) est croissante mais au-dessus de la première bissectrice $y = x$, on prend sa réciproque suivante :

$$B_c = (\log(c))_{1 \leq c \leq 9} = (\log(10x))_{0 \leq x \leq 1} = 1 + \log(x)$$

D'où :

$$x = 10^{B_c - 1}$$

Mais cette fonction est encore au-dessus de la 1ère bissectrice pour :

$$10^{B_c-1} \leq B_c \rightarrow B_c \geq t = -\frac{W_0\left(-\frac{\ln(10)}{10}\right)}{\ln(10)} \approx 13,71\%$$

En considérant que notre fonction s'aligne sur la 1ère bissectrice avant de passer en-dessous de t, l'indice de Gini vaut ainsi :

$$G = 1 - 2B = 1 - 2\left(\int_0^t x\,dx + \int_t^1 10^{x-1}dx\right) = 1 - 2\left(\frac{x^2}{2}\right)\Big|_0^t - 2\left(\frac{e^{x-1}}{\ln(10)}\right)\Big|_t^1$$

$$G = 1 - t^2 - \frac{2}{\ln(10)} + \frac{2e^{t-1}}{\ln(10)} = 47,91\% \ avec\ t = -\frac{W_0\left(-\frac{\ln(10)}{10}\right)}{\ln(10)} \approx 0,1371$$

L'indice de Gini de la fonction réciproque la plus proche de la loi de Benford n'est pas équitable ($G > 0$ puisqu'anti-logarithmique). Il est en revanche pratiquement au milieu d'une égalité parfaite ($G = 0$) et d'une inégalité maximale ($G = 1$). Soit à $G = 48\%$ au lieu de 50%. Cela indique que les lois exponentielles sont inégalitaires puisque non linéaires par définition.

4. En particulier

On étudie maintenant quelques indices de Gini particuliers, à savoir :

a. Avec une richesse linéaire

$$avec\ x_k = k : G = \frac{2\sum_{k=1}^{n} k^2}{n\sum_{k=1}^{n} k} - \frac{n+1}{n}$$

$$G = \frac{1}{3}\left(1 - \frac{1}{n}\right) \in \left[0; \frac{1}{3}\right]$$

Au maximum, un tiers de la population détient la majorité des richesses. Linéaire ne signifie pas équitable ! Graphiquement, on obtient selon n :

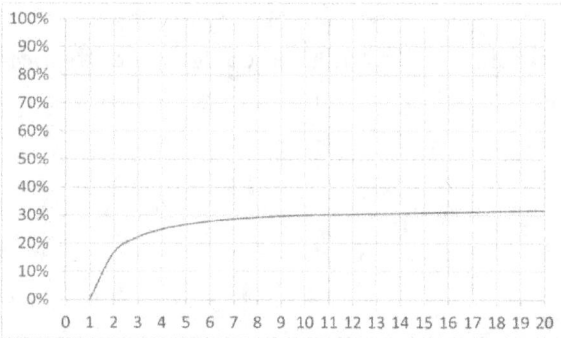

b.Avec une richesse à deux paliers

$$avec\ x_k = a\ puis\ b\ (0 < a < b):$$

$$G = \frac{2\left(\sum_{k=1}^{\frac{n}{2}} ka + \sum_{k=\frac{n}{2}+1}^{n} kb\right)}{n\sum_{k=1}^{\frac{n}{2}}(a+b)} - \frac{n+1}{n}$$

$$G = \frac{b-a}{2(a+b)} \in \left[0; \frac{1}{2}\right]$$

Selon que les paliers de revenus a et b sont éloignés, la richesse fluctue entre :

o Majorité de la richesse aux personnes au revenu b et très peu à celles au revenu a si l'écart de palier $(b - a)$ est important ;

o Richesse partagée à peu près équitablement si les paliers de revenu b et a sont proches.

On observe cela sur graphique suivant. L'indice de Gini correspond ici à au plus la moitié de la population a 50% de plus que l'autre.

c. Avec une richesse à trois paliers

$$avec\ x_k = a\ puis\ b\ puis\ c\ (0 < a < b < c):$$

$$G = \frac{2\left(\sum_{k=1}^{\frac{n}{3}} ka + \sum_{k=\frac{n}{3}+1}^{\frac{2n}{3}} kb + \sum_{k=\frac{2n}{3}+1}^{n} kc\right)}{n\sum_{k=1}^{\frac{n}{3}}(a+b+c)} - \frac{n+1}{n}$$

$$G = \frac{2(c-a)}{3(a+b+c)} \in \left[0; \frac{2}{3}\right]$$

Selon que les paliers de revenus a et c sont éloignés, la richesse fluctue entre :

o Majorité de la richesse aux personnes au revenu c et très peu à celles au revenu a et b si le plus grand écart de palier $(c - a)$ est important ;

o Richesse partagée à peu près équitablement si les paliers de revenu c, b et a sont proches.

On note que le palier intermédiaire b a peu d'influence sur l'indice de Gini. En revanche, les inégalités peuvent s'accroitre avec ce palier supplémentaire +17% (différence entre 50% et 67%). L'indice de Gini cache alors un palier intermédiaire haut (proche de c) ou bas (proche de a). On observe cela sur graphique suivant.

d.Avec une richesse linéaire double

$$avec\ x_k = k : G = \frac{2\sum_{k=1}^{n} k2^{k-1}}{n\sum_{k=1}^{n} 2^{k-1}} - \frac{n+1}{n}$$

$$G = 1 - \frac{3}{n} + \frac{2}{2^n - 1} \in [0;1]$$

Les écarts de richesses entre personne sont toutes importantes (au moins le double ou la moitié), si bien que très très très peu de personne détiennent la quasi-totalité de la richesse ($G \approx 1$). Pensez au doublement d'un grain de riz sur un échiquier. Les quantités de riz augmentent alors exponentiellement ! On observe cela sur graphique suivant.

e. A deux paliers à population différentes

On va s'intéresser à une répartition de la richesse à deux ou trois paliers mais avec des proportions de population différentes par paliers. Dans une grande entreprise, la richesse est à peu près partagée en trois paliers : les contributeurs individuels, mes managers et les directeurs ou leaders. Mais ces paliers concernent un nombre de personnes différents, et non un tiers comme précédemment. On a donc :

$$avec \ x_k = a \ puis \ b \ (0 < a < b) \ et \ u \neq \frac{1}{2} :$$

$$G = \frac{2(\sum_{k=1}^{un} ka + \sum_{k=un+1}^{n} kb)}{n(\sum_{k=1}^{un} a + \sum_{k=un+1}^{n} b)} - \frac{n+1}{n}$$

$$\boldsymbol{G = \frac{u(u-1)(b-a)}{u(b-a)-b} \in [0; 1]}$$

En particulier si :

$$\begin{cases} u = 80\% = majorité \ au \ même \ salaire \ a \\ b = 3a = minorité \ (1-u) = 20\% \ au \ salaire \ b \end{cases} \rightarrow G = \frac{8}{35} \approx 22{,}857\%$$

L'indice de Gini n'est ici pas si haut malgré la grande inégalité : salaire 3 fois plus grand pour 20% de la population.

f. A trois paliers à population différentes

On a vu le cas de deux paliers. Voyons celui à trois avec toujours des proportions de population différentes par paliers. On a alors :

$$avec\ x_k = a\ puis\ b\ puis\ c\ (0 < a < b < c)\ et\ u + v + w = 1 :$$

$$G = \frac{2\left(\sum_{k=1}^{un} ka + \sum_{k=un+1}^{(v+u)n} kb + \sum_{k=(u+v)n+1}^{n} kc\right)}{n\left(\sum_{k=1}^{un} a + \sum_{k=un+1}^{(v+u)n} b + \sum_{k=(u+v)n+1}^{n} c\right)} - \frac{n+1}{n}$$

$$G = \frac{u(u-1)a + v(v+2u-1)b + (1-u-v)(u+v)c}{ua + vb + (1-u-v)c} \in [0;1]$$

En particulier si :

$$\begin{cases} u = 85\% = majorité\ au\ même\ salaire\ a \\ v = 14\% = quelques\ managers\ privilégiés\ avec\ b = 2a \\ w = 1\% = peu\ de\ directeurs\ très\ bien\ payés\ avec\ c = 10a \end{cases} \rightarrow G = \frac{689}{4100} \approx 16,805\%$$

L'indice de Gini est ici plus bas car seulement 15% de la population détient $\frac{38}{123} =$ 30,89%. C'est totalement contre intuitif. 1% de la population gagne 10 fois plus que 85% de cette même population mais comme 1% représente peu de personne, multiplié par 10 cela représente toujours par rapport à l'ensemble de la richesse distribuée peu vis-à-vis des 85% gagnant chacun 10 fois moins. L'indice de Gini est donc faible alors que les inégalités sont ici importantes.

5. Courbe de Gini

Comment trace-t-on une courbe de Gini ? On pose :

$$f_G(x) = x^{\frac{1}{1-G}} \; avec \; x \in [0;1] = proportion \; de \; la \; population \left(de \; \frac{0}{n} \; à \; \frac{n}{n}\right)$$

Par graphe, on observe le taux de richesse/pauvreté relatif au taux de répartition de celui-ci. Soit pour les formes décrites précédemment :

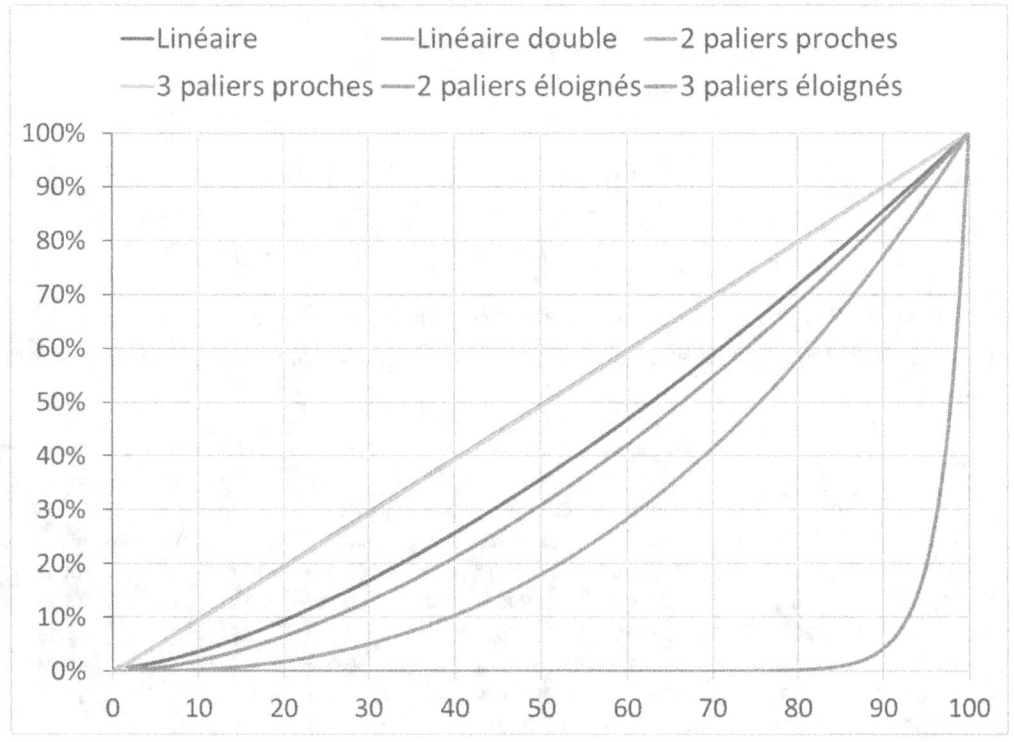

6. Indice de Gini du loto

La population ici est représentée par l'ensemble des joueurs d'un tirage. Et la richesse partagée est donnée par l'ensemble des gains versés. La courbe de Lorentz est définie par les différentes probabilités par niveau de gains, à savoir :

avec numéro chance *sans numéro chance*

$$\binom{49}{5} 10 \; gagne \; 5,7M€ \qquad \binom{49}{5}\frac{10}{9} \; gagne \; 103k€$$

$$\binom{49}{4} 10 \; gagne \; 1088€ \qquad \binom{49}{4}\frac{10}{9} \; gagne \; 1086€$$

1 joueur sur :
$$\binom{49}{3} 10 \; gagne \; 12€ \qquad \binom{49}{3}\frac{10}{9} \; gagne \; 10€$$

$$\binom{49}{2} 10 \; gagne \; 7€ \qquad \binom{49}{2}\frac{10}{9} \; gagne \; 5€$$

$$\binom{49}{1} 10 \; gagne \; 2€ \qquad \binom{49}{1}\frac{10}{9} \; gagne \; 0€$$

$$\binom{49}{0} 10 \; gagne \; 2€ \qquad \binom{49}{0}\frac{10}{9} \; gagne \; 0€$$

En effet, il y a 49 boules et il faut en trouver 5 et aussi 1 numéro chance sur les 10 possibles. On calcule le tableau suivant des gains cumulés par quantité de gagnants potentiels :

Gain	#Gagnants	#Gagnants Cumulés Croissants	%Gagnants Cumulés Croissants	Sommes Versées par Type de Gagnant	Sommes Versées Cumulées Croissantes	%Sommes Versées Cumulés Croissantes
5 700 000,00 €	1,0	19 475 350,0	**100,00000%**	5 700 000,00 €	10 711 233,00 €	**100,00%**
103 000,00 €	9,0	19 475 349,0	**99,99999%**	927 000,00 €	5 011 233,00 €	**46,78%**
1 088,00 €	9,0	19 475 340,0	**99,99995%**	9 792,00 €	4 084 233,00 €	**38,13%**
1 086,00 €	81,0	19 475 331,0	**99,99990%**	87 966,00 €	4 074 441,00 €	**38,04%**
12,00 €	103,5	19 475 250,0	**99,99949%**	1 242,00 €	3 986 475,00 €	**37,22%**
10,00 €	931,5	19 475 146,5	**99,99896%**	9 315,00 €	3 985 233,00 €	**37,21%**
7,00 €	1 621,5	19 474 215,0	**99,99417%**	11 350,50 €	3 975 918,00 €	**37,12%**
5,00 €	14 593,5	19 472 593,5	**99,98585%**	72 967,50 €	3 964 567,50 €	**37,01%**
2,00 €	1 945 800,0	19 458 000,0	**99,91091%**	3 891 600,00 €	3 891 600,00 €	**36,33%**
- €	17 512 200,0	17 512 200,0	**89,91982%**	- €	- €	**0,00%**
Total	**19 475 350,00**	**192 768 775,0**	**-**	**10 711 233,00 €**	**43 684 933,50 €**	**-**

Le nombre de gagnants, 2nde colonne ci-dessus, est calculé ainsi :

#Gagnants
$\dfrac{10\binom{49}{5}}{10\binom{49}{5}} = 1$
$\dfrac{10\binom{49}{5}}{\dfrac{10}{9}\binom{49}{5}} = 9$
$\dfrac{10\binom{49}{5}}{10\binom{49}{4}} = 9$
$\dfrac{10\binom{49}{5}}{\dfrac{10}{9}\binom{49}{4}} = 81$
$\dfrac{10\binom{49}{5}}{10\binom{49}{3}} = 103,5$
$\dfrac{10\binom{49}{5}}{\dfrac{10}{9}\binom{49}{3}} = 931,5$
$\dfrac{10\binom{49}{5}}{10\binom{49}{2}} = 1\,621,5$
$\dfrac{10\binom{49}{5}}{\dfrac{10}{9}\binom{49}{2}} = 14\,593,5$
$\dfrac{10\binom{49}{5}}{10\binom{49}{1}} + \dfrac{10\binom{49}{5}}{10\binom{49}{0}} = 1\,945\,800$
$\dfrac{10\binom{49}{5}}{\dfrac{10}{9}\binom{49}{1}} + \dfrac{10\binom{49}{5}}{\dfrac{10}{9}\binom{49}{0}} = 17\,512\,200$

L'indice de Gini vaut donc :

$$G = \frac{2 \times \sum Sommes\ versées\ cumulées\ croissantes}{\#Gagnants \times \sum Sommes\ versées\ par\ type\ de\ gagnant} - \frac{\#Gagnants + 1}{\#Gagnants}$$

Avec :

$$\#Gagnants = n = 19\,475\,350$$

Soit :

$$G = \cfrac{2\left(\begin{array}{c} \sum_{k=1}^{17512200} 0k + \sum_{k=17512200}^{n-17350} 2k + \sum_{k=n-17349}^{n-2756,5} 5k \\ + \sum_{k=n-2755,5}^{n-1135} 7k + \sum_{k=n-1134}^{n-203,5} 10k + \sum_{k=n-202,5}^{n-100} 12k \\ + \sum_{k=n-99}^{n-19} 1086k + \sum_{k=n-18}^{n-10} 1088k \\ + \sum_{k=n-9}^{n-1} 103000k + \sum_{k=n}^{n} 5700000k \end{array}\right)}{n\left(\begin{array}{c} \sum_{k=1}^{17512200} 0 + \sum_{k=17512200}^{n-17350} 2 + \sum_{k=n-17349}^{n-2756,5} 5 \\ + \sum_{k=n-2755,5}^{n-1135} 7 + \sum_{k=n-1134}^{n-203,5} 10 + \sum_{k=n-202,5}^{n-100} 12 \\ + \sum_{k=n-99}^{n-19} 1086 + \sum_{k=n-18}^{n-10} 1088 \\ + \sum_{k=n-9}^{n-1} 103000 + \sum_{k=n}^{n} 5700000 \end{array}\right)} - \frac{n+1}{n}$$

$$= \cfrac{2\left(\begin{array}{c} (n + 17\,494\,850)(n - 17\,529\,549) + 72\,965(n - 10\,053) \\ + 11\,347(n - 1\,945,5) + 9\,310(n - 669) \\ + 1\,236(n - 151,5) + 87\,966(n - 59) \\ + 9\,792(n - 14) + 927\,000(n - 5) + 5\,700\,000n \end{array}\right)}{n \times 10\,711\,233} - \frac{n+1}{n}$$

D'où :

$$G \approx 96,3043\%$$

On a utilisé la sommation d'un intervalle suivante :

$$\sum_{k=u}^{v} k = \frac{(v - u)(v + u + 1)}{2}$$

Graphiquement, on observe nettement les inégalités. Très très peu de joueurs gagnent. Tandis qu'une très très grande majorité perdent.

INDICE DE GINI

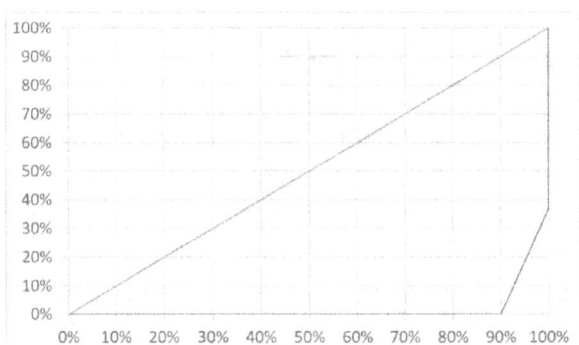

On peut ici estimer rapidement l'indice de Gini du loto en calculant la surface du triangle en bas à droite comme suit :

$$1 - 2\left(\frac{1}{2}\left(1 - \frac{89{,}92}{100}\right)\frac{36{,}33}{100}\right) > G > 1 - 2\left(\frac{1}{2}\left(1 - \frac{89{,}92}{100}\right)\frac{38{,}04}{100}\right)$$

$$96{,}338\% > G > 96{,}165\%$$

$$\boldsymbol{G \approx 96{,}252\%}$$

L'indice de Gini du loto est évidemment très haut, proche de 100% d'inégalité. C'est ce qui permet de proposer d'ailleurs des gains élevés à très peu de joueurs tout en faisant espérer tous les autres perdants chaque semaine.

7. Conclusions

L'indice ou coefficient de Gini est un bon indicateur des inégalités au sein d'un groupe. En une seule valeur entre 0 et 1, on évalue si l'équité est présente ou pas. Bien entendu, une seule valeur ne peut pas nous renseigner davantage. Mais la courbe de Lorentz, associée à cet indice de Gini, donne une bonne idée de la répartition dans un groupe. De ce fait, en un minimum de données et de calculs, on sait plus ou moins précisément si les inégalités sont faibles, modérées ou fortes. De plus, on peut comparer deux groupes en observant leurs courbes de Lorentz respectives et leurs indices de Gini. Cela permet de comparer simplement et rapidement les inégalités inter-groupes ou par sous-groupes. C'est une autre application de cet indice.

Il a évidemment des biais qui font que l'indice de Gini est parfois trompeur. En effet, on peut trouver deux indices identiques avec des courbes différentes. Ce qui peut amener à confusion. En fait, l'indice de Gini n'est qu'un indicateur de tendance et non un indicateur de variation paramétré. De ce fait, il existe plusieurs courbes différentes pour un même indice de Gini. Ce n'est pas un souci si on le sait à l'avance. Sinon, gare aux surprises parfois contre intuitives.

En définitif, l'indice de Gini, qui s'applique à un grand nombre de domaines variés, est très utiles pour repérer en quelques instant si au sein d'un groupe de données quelconques il réside des inégalités à priori inobservées ou inobservables. A fortiori, l'indice de Gini permet de valider des inégalités fortes et d'en faire la comparaison avec d'autres. On sait alors dire si un groupe subit davantage d'inégalités qu'un autre vis-à-vis d'un critère choisi. Cela est très instructif pour un premier niveau d'analyse. Et vous à quel thème allez-vous appliquer l'indice de Gini pour révéler ou confirmer des inégalités ? Bons calculs et bonnes découvertes.

8. Référence

- fr.wikipedia.org/wiki/Coefficient_de_Gini

INDICE DE GINI

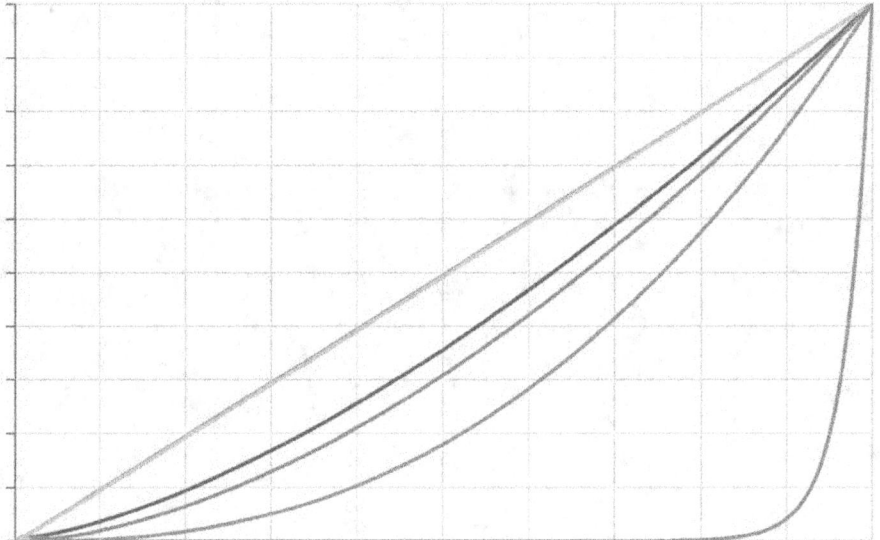